SITZUNGSBERICHTE DER DEUTSCHEN AKADEMIE
DER WISSENSCHAFTEN ZU BERLIN

Klasse für Medizin
Jahrgang 1963 Nr. 1

I. W. DAWYDOWSKI

KOMPENSATORISCH-ADAPTATIVE PROZESSE IN BIOLOGISCHER HINSICHT

AKADEMIE-VERLAG · BERLIN
1963

Vorgetragen von Hrn. Prof. Dr. I. W. DAWYDOWSKI am 24. 5. 1962
Zum Druck genehmigt am gleichen Tage, ausgegeben am 15. 1. 1963

Erschienen im Akademie-Verlag GmbH, Berlin W 8, Leipziger Straße 3—4

Lizenznummer: 202 · 100/803/63
Gesamtherstellung: Druckhaus „Maxim Gorki", Altenburg
Bestellnummer: 2010/63/IV/1 · ES 17 B, 18 G 1 · Preis: DM 2,10

Kompensatorisch-adaptative Prozesse in biologischer Sicht

Die Einheit des Organismus und der äußeren Umwelt liegt der Entwicklung der morphologischen Strukturen und der mit diesen Strukturen untrennbar verbundenen funktionellen Leistungen zugrunde. Dieselbe Einheit hat auch im Evolutionsprozeß zur Entwicklung und Festigung einer gewaltigen Menge von Adaptationsreaktionen und Mechanismen geführt, die sich auf verschiedene Weise äußern.

Der biologische Fortschritt umfaßt unter seinen Entwicklungsrichtungen auch eine Intensivierung der Organfunktionen. Sämtliche Organe sind imstande, die Intensität ihrer Arbeit um ein Mehrfaches zu steigern (Nieren, Leber, Muskeln, Nervensystem, Blutbildung). Das kommt in der Organisation des neuromuskulären sowie des Stütz- und Bewegungsapparates der höchsten Säugetiere, in der psychischen Tätigkeit des Menschen, in der Tatsache selbst „des unmäßigen Überflusses der Elemente des Nervensystems", wie sich I. P. Pawlow äußerte, in der Bildung von mehrgliederigen Verbindungen der Großhirnrinde mit den Organen des Körpers, im Mosaikbau der Großhirnrinde usw. zum Ausdruck.

Diese Intensivierung wird oft nicht nur mittels der eigenen energetischen Systeme bewerkstelligt, sondern auch durch Ausnutzung von energetischen Prinzipien und Mechanismen, die auch den einfachsten Organismen eigen sind und selbst mit unmittelbarer Beteiligung derselben in der Lebenstätigkeit der höchsten Lebewesen (Vitaminsynthese, Verdauung mit Hilfe der Darmflora usw.).

Das Prinzip der Funktionssteigerung ist mit dem Prinzip des Automatismus, d. h. der Selbstregelung, eng verknüpft. Diese ist eine der wichtigsten biologischen Adaptationen, welche in der letzten Zeit zu Objekten intensiver Untersuchung und weitgehender Nachahmung durch die Technik (Kybernetik) geworden sind.

Ihre höchste Entwicklung haben diese Adaptationsprozesse beim Menschen erreicht, der die sich naturgemäß entwickelnden Anpassungsvorgänge und -vorrichtungen noch durch vorsätzliche Übungen ergänzte. Dazu gehört z. B. der Einfluß von Arbeitsprozessen und Körperübungen auf den Körperbau, das Seelenleben, die Lebensdauer usw.

Die bewußte und emotionale Tätigkeit des Menschen erweitert ansehnlich den Kreis der Anpassungsleistungen (kurativer und prophylaktischer Art), und zwar speziell an jene Faktoren der Umwelt, die vom Menschen selbst erzeugt werden.

Die Adaptation setzt eine adäquate und aktive Widerspiegelung der äußeren Umwelt voraus. „Der Mensch wäre nicht imstande, sich biologisch an die äußere Umwelt anzupassen, wenn seine Empfindungen ihm nicht eine objektiv richtige Vorstellung davon geben würden" — sagt LENIN. Als Kriterium der Gleichwertigkeit wird der adaptative Charakter der Reaktion des Organismus dienen. Dadurch wird nicht nur die Aufgabe der Homöostase, d. h. „der Selbsterhaltung", gelöst, sondern auch der Evolutionscharakter dieser Vorrichtung, ihre biologische Zweckmäßigkeit, das Bedürfnis des Organismus nach dieser Adaptation werden beibehalten.

Wenn die Organismen im Verlauf ihrer historischen Entwicklung bestimmte Adaptationsvorrichtungen, -reaktionen und -mechanismen ausgearbeitet und hereditär fixiert haben, können diese Anpassungsfaktoren im individuellen Leben und bei bestimmten sozialen Bedingungen verschiedene Bedeutung erhalten. Das individuelle Leben birgt eine gewaltige Fülle von Abweichungen vom gewöhnlichen Verlauf der Adaptationsreaktionen in sich.

Es wäre deshalb irrtümlich, die Adaptationsprozesse des Organismus stets als nichtkrankhafte Prozesse zu betrachten.

Die adaptative Veränderlichkeit und die Anpassungsreaktionen, als biologische Probleme, gehören auch in gewissem Maße in das Gebiet der Pathologie. „Aus der Tatsache heraus", schrieb seinerzeit K. A. TIRMIRJASEW, „daß die Adaptationen sich quasi automatisch unter dem Einfluß der Umweltfaktoren ausarbeiten, darf durchaus nicht das Gegensätzliche angenommen werden, vor allem, daß die Wirkung dieser Faktoren an und für sich stets zweckmäßig ist." Organismen besitzen nicht und können auch nicht eine solche „unveränderliche Anpassung an die Hausungsbedingungen besitzen" (K. F. RULJE).

Somit sind Adaptationsprozesse nicht absolut zweckmäßig und vom medizinischen Standpunkt aus oft sogar krankhaft. Die Adaptation ist das oberste und wichtigste Gesetz des Lebens. Doch von derartigen Gesetzen, wie übrigens auch von sämtlichen sonstigen Gesetzen der Natur, erwarten wir keine „Gnade", d. h. eine vollkommene Zweckmäßigkeit sowohl in individueller wie in sozialer Auffassung dieser Gesetze.

Deshalb ist es denkbar, daß die den menschlichen Erkrankungen zugrunde liegenden Gesetzmäßigkeiten aufs engste mit der Tätigkeit des Menschen, mit der Anpassungsfähigkeit des Organismus an diese Tätigkeit oder — was gleichbedeutend ist — mit der ungenügenden „pathogenen" Adaptation an diese Tätigkeit verbunden sind, zum Unterschied von Tieren, selbst von „vernünftigen", „vergesellschafteten" Tieren. Sie ist auch radikal je nach der Umwelt unterschiedlich, in der sich diese Tätigkeit abspielt. Der Mensch paßt sich nicht nur der Umwelt an, die ihm und den Tieren gemeinschaftlich ist, sondern erzeugt auch selbst neue Umweltfaktoren und ist gezwungen, sich auf seine Art an dieselben zu adaptieren. Alles dies führt zu einer bedeutenden Gespanntheit der Anpassungstätigkeit, d. h., es unterstützt die logische Voraussetzung, die der „Gesetzmäßigkeit" der Erkrankungen (S. P. BOTKIN), ihrer Natürlichkeit (G. SOKOLSKI) zugrunde liegt. Die Fülle des Anpassungsvermögens ist auch die Fülle der Gesundheit. Im Ideal ist diese jedoch nicht erreichbar.

Die Adaptation an die äußere Umwelt wird nicht selten durch bedeutende morphologische und funktionelle Veränderungen erkauft, die bereits in das Gebiet der Nosologie gehören. Viele rein menschliche Erkrankungen, besonders solche des Nerven- und Gefäßsystems, spiegeln tatsächlich die Kehrseite dieser uralten Anpassungsfähigkeit des Menschen an die Umwelt wider, Schwierigkeiten und Versager bei dieser Adaptation. Die Symbiose des Menschen mit einer großen Menge von Mikroorganismenarten, die den gegenseitigen Nutzen im Kampf um das Dasein und die gegenseitige Artadaptation zum Ausdruck bringt, sichert gleichfalls nicht immer die absolute Nützlichkeit und die Harmonie im Leben des Individuums. Dafür sprechen zahlreiche Selbstinfektionen.

Die sogenannten „Störungen" des Kreislaufs, „degenerative — infiltrative" Prozesse, Entzündung, Regeneration, Atrophie, Hypertrophie, Neubildung, Fieber, Immunität u. dgl., d. h. alles, was den Inhalt der Lehrbücher der Pathologie ausmacht, sind im Grunde genommen nur ein Kaleidoskop von kompensatorisch-adaptativen Funktionen und Reaktionen der Organismen der in bestimmten äußeren Umweltbedingungen lebenden Organismen. Das negative Gleichgewicht von Stickstoff, Schwefel, Phosphor bei traumatischen Einwirkungen auf den Organismus sieht wie eine „Störung" im Eiweiß- und Mineralhaushalt des Organismus, wie eine „katabolische Reaktion" aus. In Wirklichkeit aber handelt es sich hier um einen sich automatisch entwickelnden Anpassungsvorgang, die für den Regenerationsverlauf erforderlichen Substanzen aus den eigenen Vorräten des Organismus zu mobilisieren.

Noch neuerdings erschien die „Lipoiderschöpfung" der Nebennierenrinde bei Infektionskrankheiten den Pathologen als Degeneration der Rindenzellen. Gegenwärtig sprechen wir jedoch überzeugt davon, daß hier eine der speziellen Äußerungen des Adaptationssyndroms vorliegt, d. h. eine notdürftige Mobilmachung der Kortikoide.

Die klinische Bewertung der Adaptationsfunktionen und -reaktionen, sowohl der ausreichenden als auch der ungenügenden, ändert nichts an ihrem biologischen, d. h. adaptativen Wesen. Die angeführten und andere medizinische Definitionen und Begriffe („Brüche“, „Affektionen“, „Störungen“ u. dgl.) sowie grundsätzliche Begriffe (Pathologie, Krankheit) geben eher die Außenseite, mitunter nur den Schein von Wissen, eine introspektive subjektive Einschätzung von Faktoren wieder, die weit vom eigentlichen Wesen entfernt ist. Die Erkenntnis dieses Wesens führt uns unabwendbar zum biologischen Problem der Adaptation. Jedwedes Leben, darunter auch das „in seiner Freiheit beschränkte Leben“ (Definition der Krankheit von KARL MARX), stellt eine Anpassung des Organismus an seine Lebensbedingungen dar.

Der Unterschied zwischen Physiologie und Pathologie wird von uns vielmehr aus dem Bedürfnis des Menschen nach Differenzierung und Klassifizierung von Naturerscheinungen deduziert, und zwar dann, wenn er selbst daran interessiert ist, oder wenn er anthropozentrisch denkt. Die Analyse des Problems der kompensatorisch-adaptativen Funktionen zeigt die ganze Unnatürlichkeit der Aufteilung der einheitlichen biologischen Wissenschaft in Norm (Physiologie) und Pathologie.

Die Hypertonie ist eine menschliche Krankheit; ihre Ätiologie ist offenbar sozial. Gleich der Atherosklerose liegt auch sie in der Natur des Menschen, der als hoch organisiertes Wesen befähigt ist, sich individuell an die entsprechenden Lebensbedingungen anzupassen und dabei den Zirkulationsapparat sowie die entsprechenden nervalen und endokrinen Korrelationen eigenartig auszunützen.

Hypertonie, Atherosklerose stellen an sich einen eigenartigen und nicht zu „unterschätzenden Preis“ für die Adaptation der Menschheit und des einzelnen Menschen an die Lebensbedingungen und Lebensarten dar. Man kann kaum der These von WELLS beistimmen, daß der Organismus nur auf jene Signale aus der äußeren Umwelt reagiert, von deren Nützlichkeit er gewissermaßen überzeugt ist. Die Idee der Adaptation darf jedoch keineswegs in teleologische Schattierungen umgefärbt werden. Die unbedingten und bedingten Reflexe bleiben als kardinaler Anpassungsfaktor und verweilen im Grunde als blinde Naturkraft; unter individuellen Bedingungen brauchen sie deshalb nicht immer zielentsprechend und nutzbringend zu wirken.

Wenn die kardiovaskulären Erkrankungen keine Zufallsleiden für den Betroffenen darstellen, wenn sie historisch-ökologisch begründet sind und den Menschen als ewig tätiges Wesen betreffen, so müssen auch die Bekämpfung dieser Erkrankungen und vor allem ihre Prophylaxe in die Kategorie der grundsätzlichen Veränderungen der Lebensart und -bedingungen des Menschen übertragen werden. Es handelt sich hier folglich um eine Umgestaltung der menschlichen Natur, um ein eingehendes Studium und eine Erweiterung seines Anpassungsvermögens, und zwar nicht nur im biologischen (anthropologischen), sondern auch im soziologischen Sinne. Eigentlich besteht auch das Ziel der Wissenschaft nach WIENER „... darin, uns zu erlauben, homöostatisch auf alle Wandlungen des Schicksals zu reagieren".

Offenbar ist dies jedoch in weitaus höherem Grad eine staatliche und gesellschaftliche als eine medizinische Aufgabe.

Die angeborene natürliche Immunität ist eine vorzügliche Illustration einer erblich fixierten Adaptation, die im Verlauf der menschlichen Geschichte aus Infektionskrankheiten hervorging, als konkrete und zu gleicher Zeit elementare Anpassungsform. Pathogenese und Immunogenese dieser Erkrankungen stellen an sich ein einheitliches Ganzes dar. Mit anderen Worten, eine Infektionskrankheit ist eine historisch entwickelte „Biotechnik" einer der wesentlichsten Adaptationen im Tierreich, nämlich der Immunität.

An Entzündungen leiden und sterben, wie bekannt, viele Menschen, doch stören sie die Art Homo sapiens, wie übrigens auch alle Säugetiere, keineswegs im Kampf um das Dasein in der äußeren Umwelt. Dies bedeutet, daß eine Entzündung durchaus kein dystrophischer Prozeß und einfache „Funktionsstörung" (functio laesa) ist. Eine solche Betrachtungsweise ist rein formell und im Grunde irrtümlich. Die biologische Entzündung stellt vielmehr eine besondere Funktion des befallenen Teils dar, beruhend auf den Gesetzen der Widerstandsleistung und Selbsterhaltung (N. I. PIROGOW). Dies ist „eine normale Funktion" des Organismus (derselbe), seine „lebensrettende Reaktion" (I. I. METSCHNIKOW), d. h., eine in ihrer Bedeutung hervorragende Adaptation.

Der Schmerz — eine formell pathologische Erscheinung, die die Arbeitsfähigkeit herabsetzt — stellt oft das Symptom einer ernsten Erkrankung dar. Doch ist der Schmerz auch ein Schmerzimpuls, der zur Rettung des Organismus dient, indem er eine gewisse Summe von Stress- und Verhaltensreaktionen sichert. Man kann N. WIENER zustimmen, wenn er behauptet, daß es nichts Schrecklicheres für ein Individuum gibt als den Verlust des Schmerzgefühls (Philosophische Fragen, 7, 1961).

Die Regeneration ist ein weiteres Beispiel dieser uralten Adaptation der Organismen an schädigenden Faktoren der äußeren Umwelt. Sie setzt eine intensive Vermehrung und gezielte Differenzierung von Zellen voraus mit allmählichem Abklingen der mitotischen Aktivität zum Augenblick der endgültigen Formvollendung des Regenerates, ein Beispiel höchst vollkommener Anpassungsfähigkeit. Diese Vollendung wird oft auf sehr kompliziertem Wege erreicht, z. B. bei der Wundheilung „durch Eiterung", wobei in den Mechanismus der Regeneration nicht nur Gewebe des Organismus und Leukozyten eingeschaltet werden, sondern auch Mikroorganismen, ihre fermentative Aktivität, mit deren Hilfe die sekundäre (biologische) Wundreinigung von allem Abgestorbenen und Lebensunfähigen bewerkstelligt wird. Als tiefer Anachronismus ist die Anschauung der eiternden Wunde als einer „Komplikation mit eitriger Infektion" anzusehen. Die biologische Betrachtung des Problems setzt voraus, daß die Eiterung bei der secunda intentio einen untrennbaren Bestandteil der Regeneration selbst bildet, d. h. eine anpassungsmäßige Ausnutzung durch komplizierte Organismen der energetischen fermentativen Systeme der Mikroben der äußeren Umwelt.

Als logische Voraussetzung des Einmündens der Adaptationsprozesse in das Gebiet der Pathologie dienen der Automatismus und die Spontaneität der Adaptationsvorgänge — ein Prinzip, laut welchem der Widerstand sich in einer höheren Progression entwickelt als die ablenkenden Faktoren. Diese Faktoren dürfen aber nicht als pathologisch bezeichnet werden, weil „die extreme Mobilisation", d. h. die Heftigkeit und Ausdehnung des Prozesses durch individuelle Bedingungen, als Ursache auch eine banale Einwirkung haben kann. Darüber belehrt uns das Problem der Allergie und der Idiosynkrasie. Es handelt sich folglich nicht um „pathologische" oder „pathogene Faktoren" oder „aggressive Agenzien" der äußeren Umwelt, sondern um Pathogenität des Anpassungsvorganges selbst, um die individuelle Besonderheit der Wirkung „der ablenkenden Kräfte".

Die Einschätzung dieser Prozesse vom medizinischen oder sozialen Standpunkt aus wird selbstverständlich anders ausfallen, da einer solchen Einschätzung stets die Tätigkeit des Menschen, ihre Möglichkeit oder Unmöglichkeit zugrunde liegen wird.

Ein Entzündungsprozeß an der Hand ist vom medizinischen und sozialen Standpunkt aus eine negative Erscheinung. Er zieht Verlust der Arbeitsfähigkeit, quälende Schmerzen u. dgl. nach sich. In biologischer Sicht ist er jedoch eine normale Adaptationsreaktion des Organismus, die homöostatisch gerichtet ist, d. h. im Prinzip (wenn auch keineswegs absolut und nicht immer) die Wiederherstellung der Funktion sichert. Die praktische Medizin zieht für ihre Bedürfnisse den richtigen Schluß: Es muß alles getan werden, um Entzündungen jeder Art zu verhüten.

Es ist folglich wichtig, stets daran zu denken, daß die sozialen und medizinischen Einschätzungen der biologischen Prozesse grundsätzlich nichts mit der wissenschaftlichen Bearbeitung und wissenschaftlichen Bewertung dieser Vorgänge zu tun haben, d. h. mit der Erschließung von Gesetzen, die das Wesen von Erscheinungen und ihre objektive Bedeutung in der Natur bestimmen. Eine wertende Terminologie, wie normal-anomal (pathologisch), gutartig-bösartig, Schutz, Aggression, Bruch, Affektion, Störung usw., spiegelt vorzugsweise äußerliche assoziative Zusammenhänge in unserer Denkweise wider, eine introspektive und subjektive Betrachtung von Naturerscheinungen.

Die menschlichen Erkrankungen sind, gleich sämtlichen physiologischen Prozessen, keine Zufallserscheinungen für den Erkrankten. Sie sind geschichtlich bedingt. Daraus entsteht die kardinale Aufgabe der Medizin, die ätiologischen (ökologischen) Faktoren zu erfassen, welche gerade die vorliegenden und nicht andere Erkrankungen hervorgerufen haben; weiter, weshalb sie, einmal entstanden, zum „gesetzmäßigen“ Zubehör der Menschen geworden sind, zur quasi obligaten „gewöhnlichen“ Naturerscheinung.

Diese „Natürlichkeit“ und diese „Gesetzmäßigkeit“ entstehen aus den Grundlagen aller Lebewesen auf Erden, namentlich aus ihrer universalen und wichtigsten Fähigkeit — sich den wandelbaren Bedingungen der äußeren Umwelt anzupassen. Die Fülle dieses Adaptationsvermögens ist eben Fülle der Gesundheit. Jedoch ist diese im Ideal unerreichbar, und ein gewisser Teil der Gesundheit wurde von der Menschheit seit jeher und wird heute auch vom einzelnen Menschen um den Preis der Krankheit erkauft. Von dieser Art sind z. B. Infektionskrankheiten, die eine individuelle, manchmal selbst lebenslängliche Immunität hinterlassen.

Im Gegensatz zu früheren Zeiten jedoch erkauft die Menschheit durch Kenntnis der biologischen (immunologischen) Grundlagen und des Wesens des Infektionsprozesses die Immunität gegen Infektionen verhältnismäßig wohlfeil, da sie die Methoden der Schutzimpfung beherrscht, d. h. durch Abwendung der elementaren Formen der Infektion und Immunisierung mittels „kleiner Formen“ eben dieser Infektionen.

Vom historischen Evolutionsstandpunkt aus, der sich des Begriffs der Art bedient, führt die Unfähigkeit zu verschiedenen strukturalen oder funktionellen Veränderungen, die für die Adaptation an neue Existenzbedingungen notwendig sind, zum

Untergang. Vom medizinischen Standpunkt aus, welcher mit den konkreten Begriffen Individuum und Individualität operiert, wird die Schlußfolgerung dagegen ganz anders lauten, da Untergang stets eine Krankheit, also einen nosologischen Faktor voraussetzt.

Die Krankheit, die in der Regel dem Tode vorausgeht, macht letzteren eben unabwendbar, da in demselben, d. h. im Tode, sich irreversible Versager der Adaptationsfähigkeit äußern.

Die reale Bedeutung der Adaptationsvariabilität, der Auslese und des Überlebens der anpassungsfähigsten Individuen setzt eine ebenso reale Existenz von krankhaften pathogenen Adaptationsformen sowie eine Anpassung durch Erkrankung voraus. Je komplizierter dabei diese oder jene organische Form, z. B. der Mensch, ist, um so komplizierter werden auch Pathologie und Nosologie aussehen, welche die Eigentümlichkeiten und Schwierigkeiten der individuellen und arteigenen Adaptation objektiv widerspiegeln.

Zur Zahl der krankhaften Adaptationsprozesse aus dem Gebiete der Physiologie gehört auch der Geburtsakt, bei welchem die Adaptation der Geburtswege an die Passage der vorliegenden Teile der Frucht unabwendbar mit „Qualen“, mit einem bestimmten Grad von Verletzung verbunden ist. Von seiten der Frucht entstehen im Verlauf der Anpassung an die Wirkung der austreibenden Kräfte (Konfiguration des Kopfes u. dgl.) Geburtsgeschwülste, Kephalhämatom, manchmal Einrisse und Rupturen der harten Hirnhaut usw.

Eine typische Form der Adaptation durch Krankheit bildet die Infektion, die eine spezifische Immunität erzeugt.

Die Etappen der Evolution der Adaptationsprozesse beschränken sich somit in der Natur keineswegs auf den Rahmen der „normalen“ physiologischen Funktionen. Ihrem Wesen nach „Adaptationsreaktion“ sind auch all jene Aktionen, die wir traditions- und gewohnheitsmäßig als zur Pathologie und Nosologie gehörig zählen. Vom Standpunkt des praktischen Arztes aus stellen Unterleibstyphus und Tuberkulose ohne

Zweifel pathologische Erscheinungen dar und sind die Folgen eines zufälligen Eindringens dieses oder jenes Infektes in den Magendarmkanal oder in die Atmungswege. Vom biologischen Standpunkt aus ist das vor allem eine Gesetzmäßigkeit, welche das ökologische Adaptationsgeschehen des Prozesses, d. h. das beidseitige Interesse, ausdrückt. Für Mikroorganismen ist dies die elementare Vermehrungsform, für Organismen die elementare Form der Immunitätserwerbung. Beides charakterisiert im Zusammenspiel den biologischen Faktor der gemeinsamen Adaptation der Lebewesen in der Natur.

Die Evolutionstheorie, welche die fortschrittliche Entwicklung der organischen Welt, die Differenzierung der Arten usw. hervorhebt, schließt nicht nur die Möglichkeit von regressiven (involutiven und krankheitserregenden) Prozessen nicht aus, sondern setzt dieselben voraus. Den Adaptationsprozeß selbst betrachtet diese Theorie unter dem Gesichtspunkt der ständigen Wechselbeziehungen der Kompensationserscheinungen, der progressiven wie regressiven, und erhebt dadurch auch letztere zum Gesetz. Je komplizierter hierbei die Organisation eines Organismus ist, um so komplizierter sind auch die Prozesse der Wechselwirkung, die auf die Beherrschung der neuen Lebensbedingungen, auf die Erzeugung einer höheren Art von Lebenstätigkeit abzielen.

Bei einem gewöhnlichen, quasi stationären Niveau der Lebenstätigkeit, das keine besonders gespannte Adaptationsregelung erfordert, wird in der Entwicklung der entsprechenden Organismen die konservative Heredität eine führende Rolle spielen. Organismen, die unter inadäquate Bedingungen geraten, sind gezwungen, ein neues Lebensniveau zu erkämpfen und sich noch besonders zu adaptieren. Es ist selbstverständlich, daß dieser Anpassungsprozeß im Einzelfalle nicht nur positiv, sondern auch pathogen sein kann, indem sich die neuen zu assimilierenden Bedingungen als objektiv sehr schwer erweisen können.

In der reflektorischen Tätigkeit soll ebenfalls nicht nur eine Abschirmung des Organismus vor schädlichen Faktoren der äußeren Umwelt erblickt werden, sondern auch eine Anpassungsmethode an diese Faktoren, d. i. die Ausarbeitung von adäquaten reflektorischen Reaktionen. Dies setzt wiederum eine adäquate Signalisation voraus, welche die Möglichkeit selbst der Ausbildung von bedingten und unbedingten Reflexen bestimmt, die für das normale Funktionieren des Organismus in einer bestimmten Umwelt notwendig sind. Höchst vollkommen und adäquat wirkt sich die Adaptation bei der Ausbildung von bedingten Reflexen und zeitweiligen Verbindungen aus.

Der Ablauf der Adaptationsmechanismen wird oft rein schematisch wiedergegeben im Sinne eines vereinfachten quasi Pawlowschen Nervismus. So wird z. B. darauf hingewiesen, daß die Adaptation nicht nur ein reflektorischer, sondern auch unbedingt ein in der Großhirnrinde zentralisierter Vorgang ist. Damit wird aber die Bedeutung der peripheren und der subkortikalen, automatisch wirkenden Apparate unterschätzt oder gar abgelehnt, welche die adaptativen Vorgänge am Ort selbst faktisch bewerkstelligen und deren exaktes Zusammenwirken eigentlich die Frage des Endausganges dieses Prozesses entscheidet. Es dürfte gut bekannt sein, daß bei dekortizierten Tieren die wesentlichen Adaptationsreaktionen und -prozesse normal ablaufen. Es können sogar manche bedingten Reflexe erhalten werden. Ein enthaupteter Frosch kriecht, schwimmt, dreht sich um und adaptiert sich einigermaßen an die äußere Umwelt.

Im morphologischen Sinne ist es besonders wichtig zu betonen, daß Zytologen und Pathologen (besonders aber pathologische Anatomen) seinerzeit die Macht der inneren Zellreaktionen zweifelsohne unterschätzt haben, indem sie „dystrophische“ und „degenerative“ Prozesse, d. h. im Grunde adaptative und zugleich stereotype Äußerungen der Lebenstätigkeit, ausschieden. Sie schufen überaus starre morpho-physiologische Konstanten und ließen den Umstand außer acht, daß diese Konstanten sehr plastisch sind, doch ist diese Plastizität nur unter pathologischen Verhältnissen zu beobachten.

Die schulmäßige, in medizinischen Hochschulen und Forschungsinstituten ein für allemal festgelegte Aufteilung der

Medizin in Physiologie und Pathologie, die Unterteilung der Physiologie selbst in eine „normale“ und eine „pathologische“, ist ein Hindernis für das richtige Verständnis des biologischen Wesens der Erscheinungen geworden. Diese Teilung widerspiegelt tatsächlich jenen Begriff, der seinerzeit von PARACELSUS im Sinne der naturphilosophischen formal-logischen These formuliert worden war, wonach „Gesundheit“ und „Krankheit“ gegensätzlich einander gegenüberstehen. In Wirklichkeit sind die sogenannten pathologischen Prozesse und Krankheiten nichts anderes als Besonderheiten der Adaptationsprozesse, die mit subjektivem Leiden (Pathos) verknüpft sind. Das in seiner Freiheit beschränkte Leben (K. MARX, Definition der Krankheit) hört nicht auf, Adaptation zu sein. Jedoch spiegelt das Bewußtsein des Menschen, wie LENIN sagt, nicht nur die objektive Welt wider, sondern schafft sie auch. Der Arzt schuf als Praktiker, als Gelehrter und Naturphilosoph bestimmte Kategorien, darunter auch solche von quasi prinzipieller Bedeutung, wie sie in den Begriffen „Physiologie“ und „Pathologie“, „Gesundheit“ und „Krankheit“ enthalten sind. Denn bis heute noch treten diese zwei Kategorien oft miteinander in Kampf.

Der deutsche Arzt G. SPIESS weist in seiner vorzüglichen Monographie (Pathologische Physiologie, 1857) mit Recht darauf hin, daß dort, wo Gesetzmäßigkeiten herrschen, Kampf und Streit keinen Platz finden können, und daß überhaupt Gesundheit und Krankheit streng wissenschaftlich nicht zu unterscheiden sind.

Die biologische Sicht des Problems der Adaptation hebt die Gegenüberstellung und Absolutierung von solchen Begriffen wie „Krankheit“ und „Pathologie“ völlig auf, macht die Tendenz, im kranken Organismus vermeintlichen Kampf des gesunden, d. h. adaptativen, mit dem pathogenen, d. h. dekompensierenden, Agens sehen zu wollen, gegenstandslos.

Pathogene Adaptationsformen erfassen, wie bereits erwähnt, tatsächlich sämtliche Grundkapitel der Pathologie und Nosologie. Es ist unmöglich, sich die Immunität, eine der größten Adaptationen der Arten und Individuen, ohne vorausgegangene Infektion vorzustellen. Eine Regeneration von Wunden (ein Kapitel der Pathologie) ist ohne Entzündung unmöglich, eine angestrengte physische Arbeit ist ohne Hypertrophie des Herzens undenkbar.

Eine Muskelatrophie an einer immobilisierten Extremität stellt einen Anpassungsprozeß an den Ausfall der Tätigkeit dar. Formell ist dies Pathologie. Kollaterale Formen der arteriellen und venösen Hyperämie werden in den Lehrbüchern der Pathologie beschrieben, obwohl es einleuchtend ist, daß hier ein Prozeß der physiologischen adaptativen Regelung vorliegt. Dasselbe gilt von der Gefäßthrombose, d. h. der Blutgerinnung. Auch sie ist eine typische Adaptationsreaktion, die durch Verletzung hervorgerufen ist, d. h. eine unumgängliche Begleiterscheinung des Lebens in der äußeren Umwelt. Dieser Prozeß bleibt auch dann ein Adaptationsvorgang, wenn er nach seinem quantitativen Ausmaß oder nach seiner Lokalisation einen schweren Zustand oder selbst den tödlichen Ausgang verursacht. Die elementaren Naturgesetze können nicht in die Rahmen metaphysischer Normen eingepfercht werden. Dem Problem der Thromboembolie liegt gleichfalls das Adaptationsprinzip zugrunde, nämlich massenhafte Deponierung von Blut in die Venen der unteren Gliedmaßen und des Beckens, bedingt durch dauernde Ruhelage des Körpers und konsekutive physikalisch-chemische Veränderungen im Blut.

Das Geschwulstproblem ist vom Problem der formbildenden, d. h. im Wesen adaptativen Prozesse untrennbar. Anaplastische Prozesse in bösartigen Neubildungen stellen eine der Formen der adaptativen Veränderlichkeit der Zellen bei bestimmten Formen ihrer Existenz dar. Die Frage des Zusammenhangs von gutartigen, auch vielen bösartigen Geschwülsten mit Entwicklungsfehlern kann nunmehr als gelöst betrachtet werden. Jedoch bildet jede Entwicklung ontogenetisch vor allem eine adaptative Entwicklung, selbst wenn die Folge davon ein „Vitium“, d. h. eine „Mißbildung“ ist, wie sich das nach unseren subjektiven Vorstellungen in diesen Benennungen ausdrückt.

Hier ist es nunmehr angebracht, sich mit der Bestimmung der Begriffe „Adaptation" und „Kompensation" zu befassen. Sie sind verschiedene Begriffe und keine Synonyme, stehen sich aber methodologisch nahe; sie verhalten sich zueinander wie das Allgemeine zum Speziellen.

Adaptation, adaptative Veränderlichkeit (morphologische, physiologische, biochemische, individuelle, arteigene) ist ein weiter biologischer Begriff, der Biogenese, Ontogenese, Evolutionsfragen, Heredität und sämtliche Formen der Funktionsregelung umfaßt, unabhängig davon, unter welchen Bedingungen sie erfolgten, d. h., ob sie ökologisch adäquat oder inadäquat, normal oder pathogen waren.

Der Begriff Kompensation, physiologisch gesehen, gibt völlige Übereinstimmungen der Arbeit aller funktioneller Systeme des Organismus ab, von der Zelle angefangen bis herauf zum Gesamtorganismus. Das Ensemble der chemischen und physikalisch-chemischen Umwandlungen in diesen Systemen sichert die Erhaltung, die Selbsterneuerung und die Entwicklung des Organismus, d. h. den ununterbrochenen Ablauf der Kompensationen; er stellt sich dar als adäquater Strom von Lebensfunktionen entsprechend ebenso adäquater Einflüsse der äußeren Umwelt auf den Organismus, welche die Stabilität dieser Gleichgewichte auf die Probe stellen.

In der Medizin wird der Begriff Kompensation rein logisch aus dem Begriff der Dekompensation abgeleitet (und umgekehrt): Es wird hier an die Wiederherstellung des gestörten Gleichgewichts gedacht, d. h. im gewissen Sinne der funktionellen Insuffizienz, die eine Erschöpfung der energetischen Materialien, eine Herabsetzung der Aktivität der Fermente, eine Hypoxie usw. voraussetzt.

Die Dekompensation kann subjektiv empfunden werden (Atemnot, Unwohlgefühl u. dgl.) oder unbemerkt verlaufen, wie dies z. B. bei allmählichem Verschluß des arteriellen oder venösen Strombettes geschieht. Im letzteren Falle ist es überhaupt nicht statthaft, von Dekompensation zu sprechen, da sie durch den entgegenwirkenden Prozeß der Kompensation ausgeglichen wird.

Dies ist das häufigste Vorkommnis in der Medizin und rührt daher, daß Krankheiten und namentlich ihre kompensierten Phasen schon lange bestehen, ehe sich der Patient an den Arzt wendet. Aus demselben Grunde entdeckt der Prosektor bei der Autopsie älterer Personen eine ganze Reihe von lebensbedrohlichen Prozessen, die sich intra vitam gar nicht bemerkbar machten. Äußerliche Gesundheit ist somit durchaus nicht allemal real; real ist die Adaptation, d. h. sind die Kompensationsformen, die eine Regelung von mitunter extremen Dekompensationsweisen ermöglichen, z. B. Wiederbelebung des plötzlich Verstorbenen oder des asphyktisch geborenen Kindes, das praktisch noch nicht voll gelebt hat.

Die Kompensation kann vollkommen, d. h. endgültig, oder vorübergehend sein; sie kann funktionell vollkommen oder unvollkommen (Subkompensation) sein. Im letzteren Fall kann sie in Dekompensation umschlagen, wie dies oft vorkommt, z. B. bei Herzfehlern, wo Kompensations- und Dekompensationsphasen miteinander gesetzmäßig und wiederholt abwechseln, bis sie womöglich in die irreversible Dekompensation, d. i. den Tod auslaufen können. Es gibt aber keinen Anlaß dafür, in letzterem eine gesetzmäßige oder unabwendbare Folge zu erblicken. Die Kompensation fixiert ein neues Niveau des morphologischen und funktionellen Zustandes.

Die nach einseitiger Nephrektomie zurückbleibende eine Niere wird hypertrophisch und kompensiert den Verlust zuverlässig. Die im Grunde kompensatorische Hypertrophie des Herzens beim Sportler garantiert die Ausführung noch viel schwererer körperlicher Leistungen. Die Unterbindung von selbst magistralen Arterien führt gewöhnlich zu keinerlei Dekompensationszuständen: Die „Fixationsphase“ des kompensatorischen Prozesses, d. h. die Gefäßanastomosierung, bleibt dann endgültig bestehen. Es ist infolgedessen nicht ganz einwandfrei, in Dekompensation ein sich gesetzmäßig entwickelndes „Kompensationsstadium“ erblicken zu wollen.[1]

[1] A. I. Strukow. Einige allgemeine Gesetzmäßigkeiten der funktionellen Morphologie der kompensatorisch-adaptativen Prozesse. Sammelh. „Kompensatorisch adaptative Prozesse“. 1961 (russ.).

Jedoch auch da, wo die Kompensation in Subkompensation und Dekompensation übergeht, wäre es voreilig, von Verlust der eigentlichen, d. h. adaptativen Eigenschaften zu sprechen. So kann z. B. ein Kranker mit Sub- oder Dekompensation des Herzens noch gut jahrelang leben. Dies bedeutet, daß weder entsprechende klinische Phänomene, noch anatomische Zeichen der Dekompensation (Arhythmie, Ödeme, Wassersucht, Zyanose u. dgl.) Zeugen sind des Übergangs von kompensatorisch-adaptativen Prozessen in ihr Gegenteil, da ja das Leben sich trotzdem fortsetzt.

Wir sehen hier jene Erscheinung, welche die Unendlichkeit der Adaptationsprozesse illustriert; die gesamte Summe derselben, d. h. die Parameter der physiologischen Kompensationsmöglichkeiten zu erkennen, wäre nur unter pathologischen Bedingungen möglich.

Im Sinne dieser Auffassung sind die Kompensationsprozesse adaptative Vorgänge. Sie sind homöostatisch gerichtet. Im Gegensatz jedoch zu Vorgängen der adaptativen Regelung von weiter biologischer Bedeutung greifen die Kompensations- und Dekompensationsprozesse nicht über den Begriff des Individuums hinaus und behalten eine relativ beschränkte, im Grunde nur medizinische Bedeutung.

Die Adaptation als weites biologisches Problem geht demgegenüber über den Begriff des Individuums hinaus, erhält arteigene Bedeutung, indem sie mit dem Problem der Sicherung der Existenz und der Entwicklung der Arten in der Natur verbunden ist.

Hier ist es auch angebracht, den prinzipiellen Unterschied zwischen den Begriffen „Abwehrreaktion" und „Adaptationsreaktion" zu erörtern. Gerade die Absolutierung solcher Begriffe wie Krankheit und Gesundheit, Pathologie und Physiologie haben viele Untersucher zur Vulgarisation des Begriffs „Adaptation", zu seinem Ersatz durch den Begriff „Abwehr" geführt.

Es gibt sowohl Abwehr- als auch Adaptationsreaktionen. Wenn im ersten Falle die Reaktion des Organismus bewußt darauf gerichtet ist, sich vom Druck der Umwelt, von einer unmittelbaren oder indirekten Lebensbedrohung zu befreien, so werden im zweiten, wichtigsten und häufigsten Falle die Faktoren der Umwelt zu Faktoren der natürlichen Lebensweise des Tieres, zu Faktoren des biologischen Trainings des Organismus, seiner Adaptation an die Umwelt.

Die Abwehrreaktionen setzen eine Verteidigung gegen etwas dem Organismus absolut Fremdartiges voraus, an das man sich nicht adaptieren kann. Die Adaptationsreaktion setzt dagegen nicht nur die Möglichkeit, sondern auch die Notwendigkeit einer Adaptation als wesentlichste Abwehrform voraus. Die Abwehrreaktionen sind oft mannigfacher rein technischer Art (Bekleidung, Wohnort, hygienische Maßnahmen u. dgl.). Die Adaptationsreaktion ist Biotechnik (die Sonnenbräune des entblößten Körpers unter den Sonnenstrahlen, die Erythrozytose in großen Höhen usw.).

Im medizinischen Schrifttum stoßen wir auf eine beständige Verwechslung dieser beiden Begriffe. So gibt es Hinweise auf vermeintliche Abwehrmechanismen und Reaktionen, wo es sich in Wirklichkeit um typische automatische Adaptationsreaktionen handelt, nicht aber um bewußte Handlungen, wie sie den Abwehrreaktionen zugrunde liegen.

Adaptationsreaktionen sind elementare Bewegungen, d. h. physiologische Aktionen, welche auf unbedingt-reflektorischer Basis erfolgen, selbst bei unbewußter Rezeption. Dies ist das Gebiet der „dunklen“, tief entstandenen automatischen Aktionen. Abwehrreaktionen sind psychophysiologische Handlungen mit Beteiligung des Bewußtseins.

Adaptationsreaktionen bekräftigen das ökologische und philosophische Prinzip der Einheit des Organismus und der Umwelt. Die Vorstellung von „Abwehrreaktionen“ an Stelle von Adaptationsreaktionen trennt tatsächlich den Organismus von seiner Umwelt.

Die Idee der „Abwehr“, anstatt „Adaptation“, ist eine Frucht formal-logischer Vorstellung. Sie ist nicht nur deshalb irrtümlich, weil sie — die „Abwehr“ — undurchführbar, d. h. irreal ist, sondern weil sie vor allem eine Negation der Entwicklung darstellt, welche die Adaptation als Primat der Lebensfunktionen postuliert. Die Idee der Abwehr bei der Deutung von physiologischen und pathologischen Prozessen, z. B. der Emigration von weißen Blutkörperchen, der Phagozytose, der Produktion von Antikörpern usw., ist nicht nur methodologisch falsch. Sie erzeugt automatisch eine andere, die ebenso fälschliche Idee der „Aggression“ dieser oder jener Prinzipien (Mikroben, Viren, Geschwulstzellen usw.), gegen welche die Abwehr eingesetzt wird. Im allgemeinen ruft dies wiederum Vorstellungen des Zellindividualismus wach, welcher in der Zelle des komplizierten Organismus Elemente von Bewußtsein und Denken sieht, die nur den Menschen und Tieren eigen sind. Hinter derartigen Konzeptionen verbergen sich offenbar Ideen des Dämonismus wie auch ihre gnoseologische Grundlage. Die Adaptationsidee, die das Prinzip der Koexistenz des Makro- und Mikrokosmos sowie das Prinzip der Einheitlichkeit und funktionellen Einheit der Lebenstätigkeit behauptet, steht der „Abwehridee“ gegenüber, die diese Prinzipien vernichtet.

Die Adaptationsidee behauptet das Prinzip des Kampfes des Organismus um das Dasein in der äußeren Umwelt wie auch um die Koexistenz in dieser Umwelt. Die „Abwehridee“ überträgt diesen Kampf in das innere Milieu des Organismus, vernichtet die Gesamtheit und Einheit des letzteren.

Sämtliche Begriffe spiegeln bestimmte Höhen des abstrakten Denkens wider, welches als seinen Ausgangspunkt sensitive Erkenntnis hat, d. h. das Spiegelbild von Gegenständen und Vorgängen in der realen Wirklichkeit. Die Abstraktionen können jedoch elementar, primitiv und erhöht sein. Die elementaren Abstraktionen, wohin auch der Begriff „Abwehr“ gehört (in der Biologie, Physiologie, Pathologie), kommen der einfachen sensitiven Erkenntnis nahe. Für sie sind nur die allgemeinsten Vorstellungen charakteristisch, die in anschaulicher bildlicher Form ausgedrückt sind, doch das Wesentlichste entbehren: In ihnen fehlt die reale Vorstellung der wesentlichsten Gesetzmäßigkeiten, die das Wesen der Erscheinungen, ihre inneren Zusammenhänge, die Objektivität der Zusammenhänge zwischen mannigfaltigen Erscheinungen bestimmen.

Eine wissenschaftliche Abstraktion bildet der Begriff „Abwehr" nicht, zumindest schon aus dem Grunde nicht, weil darin der Charakter der sachlichen Wechselbeziehungen entstellt wird, wobei an die Stelle der Einheit der Prozesse der Mythos des bösen und guten Prinzips tritt, das Bestehen von bestimmten „pathogenen Faktoren", „aggressiven Agenzien" in der Natur, die den Menschen hindern, glücklich zu sein.

Die Medizin studiert die Ätiologie, Pathogenese, Symptomatologie der Erkrankungen usw. Doch die Insuffizienz dieses Komplexes wird augenscheinlich, sobald die Frage nach dem eigentlichen Wesen dieser Erscheinungen gestellt wird, das keineswegs auf diese oder jene Summe von Erscheinungen zurückzuführen ist, weder der Ätiologie, noch der Pathogenese. Wir werden auf diese Weise unabwendbar in das Gebiet der biologischen Gesetzmäßigkeiten hineingeführt und auf die Adaptation gestoßen. Sie ist die Basis des Lebens, die Grundlage der Entwicklung. Darin spiegelt sich das allgemeine Gesetz des wechselseitigen Durchdringens und der wechselseitigen Beziehungen von Makro- und Mikrokosmos, das Gesetz der ökologischen Adaptation, des Grades und der Form dieser Adaptation wider.

Der Begriff der „Abwehr" ist das typische Denkprodukt der vorwissenschaftlichen Medizin, ihrer starr rationalistisch orientierten Periode mit ihren formal-logischen Gegenüberstellungen (Krankheit-Gesundheit, normal — pathologisch, pathogen — nicht pathogen usw.). Diesem Denken, im Gegensatz zum dialektischen, ist es eigen, sich hartnäckig an Begriffe und Definitionen zu halten, in welchen sich Subjektivismus, Anthropomorphismus und Anthropozentrismus, diese obligaten Mitläufer metaphysischer Denkart, widerspiegeln.

Bereits bei F. Bacon kann man nachlesen, wie die Menschen im Verkehr miteinander sich Worte und Zeichen noch vor der

Erkenntnis der Dinge selbst aneignen und dazu neigen, den Wörtern eine selbständige Existenz zuzuschreiben, womit die Worte die „Vernunft vergewaltigen". Der scholastische Realismus verwandelt eben Termini in scheinbar objektive Wesenheiten. So entstanden Worte, Definitionen und Begriffe, die „Gespenster schufen". Dabei waren solche Worte besonders gefährlich, welche die Wirklichkeit „wissenschaftlich" verschleiern, wie „Abwehr". Zu gleicher Zeit konnte der Begriff „Abwehr", der den Schein der wissenschaftlichen Abstraktion beibehielt, leicht und weit von der öffentlichen Meinung aufgenommen werden als bequemes und einfaches „Modell des Denkens".

Der Mangel an Zeit verbietet es mir, hier noch andere Definitionen und Begriffe zu erwähnen, die dem Begriffe „Abwehr" zu- oder untergeordnet sind. Die anthropomorphe Vorstellung der Abwehr, einmal als Ausgangspunkt für weitere Überlegungen genommen, entwickelte sich weiterhin in der Richtung einer ebenso fehlerhaften Terminologie und Phraseologie „dies war wahrhaft eine fatale schiefe Ebene, wo die logische Entwicklung eines begangenen Fehlers den wissenschaftlichen Gedanken immer weiter und abseits von der Wahrheit ablenkte: Der Fehler kann doch ebenso logisch sein; logisch und wahrhaftig sind durchaus nicht Synonyme" (CLAUDE BERNARD); den Menschen mangelt es überhaupt, nach VOLTAIRE, mehr an Quellen der Logik, als an Logik selbst.

Es ist deshalb natürlich, daß um die Idee der Abwehr auch Ideen der Aggression der Mikroben, der Krebszellen, entstanden sind. Wenn die infektiöse Krankheit schwer oder tödlich verlaufen war, so wurde dies entweder als herabgesetzte Widerstandsfähigkeit (Resistenz) gegen den Aggressor oder als „besondere" Virulenz des letzteren betrachtet. Das beruhigte das Bewußtsein, schläferte den wissenschaftlichen Gedanken ein, blockierte und ersetzte denselben. Die beobachteten Erscheinungen sahen humanisiert aus, die aufgebauten subjektiven gedanklichen Konstruktionen wurden gänzlich durch menschliche und seelische Gemütsbewegungen bestimmt.

Alles dies ist für den Pragmatismus und Voluntarismus charakteristisch, laut welchen die Vernunft Naturgesetze diktiert und die realen Gesetze der Natur mit der Gesamtheit der subjektiven Erfahrung des Menschen, seinen Empfindungen identifiziert werden.

Die fehlerhafte Idee der Abwehr hat die Lehre der Ätiologie in eine Lehre der Ursache in ihrer unikausalen eindeutigen Betrachtung verwandelt. Mit anderen Worten, die Kausalität, die ursächlich folgerechten Beziehungen wurden verfälscht durch einen „ätiologischen Faktor“, den einzigen Krankheitserreger usw. Die Idee der Adaptation räumt mit dieser „Unikausalität“ auf, macht den Menschen und alles, was mit dem Menschen vorgeht, zum Resultat der organischen Evolution im Sinne der sich eng verflechtenden biologischen und sozialen Gesetzmäßigkeiten. „Krankheiten und pathologische Prozesse folgen denselben Gesetzen der Evolution, wie auch der Mensch selbst und die höheren Tiere“ — Metschnikow.

Vor Zeiten stellten Medizin und Philosophie ein einheitliches Ganzes dar: Mediziner waren Philosophen, Philosophen waren gleichzeitig auch Mediziner. Unter den Fittichen der Philosophie gediehen gleichzeitig auch Physik und Biologie. Die Emanzipation dieser Wissenschaften war durch ihre Entwicklung, durch die Ausarbeitung einer eigenen Sprache und eigener Begriffe bedingt. Dies führte nun auch dazu, daß mit dem Entstehen einer eigenen Tradition die Philosophen die genannten Wissenschaften außer Betracht ließen. Die philosophische Seite der speziellen Probleme der Naturwissenschaft wurde allmählich auf den zweiten und dritten Platz zurückgestellt. Positivismus, Pragmatismus, Instrumentalismus, Empirismus, Faktologie und ein „gesunder Menschenverstand“ verdeckten die allgemeinen Perspektiven der Entwicklung der Probleme. Die Philosophie wurde gleichfalls zur besonderen Wissenschaft. Jedoch bereits im XIX. Jahrhundert wurde es offenbar, daß, je tiefer der wissenschaftliche Gedanke dringt, je größer das Faktenmaterial wird, um so deutlicher auch die Notwendigkeit von Beziehungen zur Philosophie wird.

Ihre Unterschätzung, sagt S. I. WAWILOW, ist das Resultat eines schweren Irrtums und des Fehlens einer kritischen Betrachtung, vor allem der eigenen Arbeit.

Von einer „theoretischen Hilflosigkeit" der Ärzte sprach SPIESS bereits im Jahre 1857. Von einem Auftürmen von Tatsachen ohne umfassende Ideen sprach gereizt der berühmte BIER. Über die Notwendigkeit einer philosophischen Betrachtung der Natur, von der gewaltigen gnoseologischen Bedeutung der Philosophie und der allgemeinen Biologie in der Medizin, Physiologie, Pathologie schrieben hervorragende Männer der Wissenschaft, wie JOHANNES MÜLLER, RUDOLF VIRCHOW und ihr Schüler ERNST HAECKEL. Gerade durch dieses geringschätzige Verhältnis zur Philosophie ist das ungenügende theoretische Niveau des Denkens in der Medizin zu erklären, die sich in Wirklichkeit nicht nur von der Philosophie, sondern auch von der Biologie isolierte und sich entschloß, mit ihren Aufgaben von rein sozialen Standpunkten aus fertig zu werden. Die integrativen Zusammenhänge der Medizin und Biologie, der Biologie mit der allgemeinen Naturwissenschaft und der Philosophie stellen die theoretische und praktische Medizin vor die Notwendigkeit, ihre biologischen Aspekte zu vertiefen und zu erweitern.

Bei Fragen zur Produktsicherheit wenden Sie sich bitte an:
If you have any questions regarding product safety,
please contact:

Walter de Gruyter GmbH
Genthiner Straße 13
10785 Berlin
productsafety@degruyterbrill.com